AF343705

LES
MAGNÉTISEURS

SONT-ILS SORCIERS?

LA FRANCE EST-ELLE HÉRÉTIQUE?

LES MÊMES HOMMES L'ONT DIT.

Tout remède vient de Dieu (Ecclésiaste).

La France, avec tous les avantages de la nature et de la fortune, a encore ceux de la doctrine et de la pure religion.

(Paroles du pape Pie II.)

PARIS,

CHEZ JUST ROUVIER, libraire, rue de l'École de Médecine, 8.

CHEZ LETEINTURIER, libraire,
rue Baillif, 10 et 12, près la Banque.

ET CHEZ HURIET, éditeur,
rue de la Harpe, 21.

1842.

IMP. DE H. VRAYET DE SURCY ET Cie, Rue de Sèvres, 37, à Paris.

OBSERVATION IMPORTANTE.

Qu'on ne croie pas trop légèrement que ces deux opuscules soient tout-à-fait étrangers l'un à l'autre. Dans le premier, on essaie de venger la raison et la religion ; dans le second, la raison, la religion et la patrie. Que celui qui trouve que j'ai senti trop vivement comme Français, me jette la première pierre. Je profiterai de cette observation pour ajouter : qu'un nombre infini de personnes doivent se méfier de leurs premières pensées : si peu d'hommes sont tout-à-fait indépendants des idées des autres, des leurs mêmes, anciennes ou nouvelles, qui ont laissé, dit Bossuet, des *marques* dans leur cerveau ; si peu indépendants de la position où ils ont été, où ils sont, où ils veulent être. Que je partage tout-à-fait l'opinion du docteur Lelut, médecin, surveillant de l'hospice de Bicêtre, sur ceux qui blâment facilement sans examen : « Si dans le monde,
» dit-il, on se méprend sur les personnes d'une
» manière passagère et qui ne tire point à consé-
» quence, en revanche, on s'y méprend sur les
» intentions, sur le caractère des actes, et cela
» d'une façon durable et souvent fort grave, à l'ins-
» tar de ce qui se voit dans la manie. *Celle-ci,*
» ajoute-t-il, *tient à une association trop rapide et*
» *trop exclusive des idées.....Trouble moral, ayant lieu*
» *sans conscience de la part de celui qui l'éprouve.* » (du

démon de Socrate, page 341.) Il est aussi très fâcheux pour nos accusateurs que l'apôtre ait dit : *qu'il n'y a rien de pur pour ceux qui sont impurs ;* et que la bouche parle de l'abondance du cœur. Cependant, j'excuse ceux qui calomnient sans le vouloir, mais parcequ'ils n'ont eu ni l'occasion, ni la volonté de se faire une opinion, car sur la première question, moi-même j'en ai d'abord parlé comme eux tout de travers. Pour réparer ma faute, je travaille quoiqu'indigne, à mettre le magnétisme en rapport avec la morale chrétienne. Au sujet de quelques erreurs religieuses de M. Deleuze, je ferai des réponses qu'il avait accueillies avec bonté, sa famille le sait.

Les Magnétiseurs sont-ils Sorciers ?

Monsieur et cher Curé,

Vous savez que j'ai laissé Madame de B. dans une étrange perplexité au sujet du magnétisme qu'elle veut employer contre sa légère surdité. Son directeur et son docteur disent bien tous deux qu'il faut s'en garder plus que de chose au monde ; mais ils sont si peu d'accord sur les raisons qu'ils en donnent, et crient tous deux si haut, en plaidant pour leur cause, que je crains qu'ils ne l'assourdissent tout-à-fait. C'est le diable, dit le directeur, qui peut seul causer la vue à travers tous les corps, et guérir par les moyens et les remèdes les plus simples ; d'ailleurs le pape l'a décidé. Vous n'y entendez rien, dit le docteur, vous compromettez le pape qui ne parut jamais en cette affaire (et cela est vrai), l'Académie a décidé qu'on n'y voit qu'avec les yeux (elle a oublié la catalepsie), et il n'y a pas un seul fait magnétique bien prouvé. Ainsi, Madame, gardez-vous de croire, surtout, qu'on puisse guérir la surdité par le magnétisme, comme on vous l'a dit. Si vous croyez, mon cher Curé, que ma lettre puisse calmer les scrupules de Mad. de B., vous lui rendrez service en la lui communiquant. Sans examiner si, comme l'assurent Bossuet, Fleury, etc., nous n'avons jamais reçu en France les décisions des Congrégations romaines que comme des opinions respectables, sans doute, mais qui sont soumises à cette règle de l'Apôtre : « Que votre obéissance soit raisonnable, » nous chercherons seulement s'il est conforme à cette grande loi de la raison, peu après qu'une congrégation de cardinaux étant consultée, « s'il est licite que

» des pénitents puissent être participants des opérations du
» magnétisme? » a répondu « que l'acte d'employer des re-
» mèdes physiques, d'ailleurs permis, n'est pas moralement
» défendu (1). » Traitant justement d'hérétique d'expliquer ainsi
les faits vraiment miraculeux. S'il est, dis-je, d'un homme raisonnable, de publier : qu'une autre congrégation a reçu tout-
à-coup d'un Suisse de Fribourg des lumières bien supérieures
à toutes celles des saints, des papes et des conciles, et qu'elle a
donné, à quelques mois de distance, une décision entièrement
opposée à la première.

Permis à l'orgueil humilié d'appeler *diabolique* ce qu'il n'a
pu comprendre; mais devons-nous souffrir, mon cher Curé,
qu'on nous traite nous-mêmes, dans un faux exposé, de possédés du démon? L'Apôtre dit, au contraire, que nous devons
avoir soin de notre bonne réputation. Il faut donc lui apprendre que saint Augustin a dit : « Les choses prodigieuses ne
» sont pas contraires à la nature, mais contre ce qui nous est
» connu de la nature (*Cité de Dieu*, *liv.* 31). » Qu'il a ajouté
(*De Doctrina Christ.*, *liv. II*) : « Lorsqu'il est incertain d'où
» provient la vertu d'une chose, il faut juger de l'intention
» qu'on a en s'en servant (il parle des remèdes), il faut alors
» n'avoir en vue que de procurer la guérison ou une disposi-
» tion avantageuse au corps. »

Il importe de savoir, que Tertullien a intitulé son vingt-
deuxième chapitre de l'*Apologétique :* « Combien grande est la
puissance du démon, » et celui d'après : « Quelque grande
que soit la puissance du démon, celle des chrétiens lui est supérieure; » que saint Jacques ayant dit (Epître, chapitre V) :
« Que si nous résistons au diable, il s'enfuira, » Soutenir,
comme il le fait, que le diable, loin de s'enfuir quand on le
repousse, qu'on lui résiste et qu'on y renonce, continue à pro-
duire ici tous les effets, étant l'opposé de la doctrine de l'E-
glise, s'appelle en France une hérésie : voilà ce que nos adversaires veulent que le pape ait décidé; ce qui est très-peu
chrétien. En tout cas, la deuxième congrégation serait seule

____

(1) Extr. de la décision de la congrégation générale de *l'Inquisition* tenue
à Rome, le 23 Juin 1840, à Sainte-Marie-sur-la-Minerve (insérée à la fin).

coupable. Mais l'exposant et ses amis le sont tout seuls, je dois le prouver.

Pour trancher la difficulté, la première Congrégation eût pu citer ce que quelques pères et quelques conciles ont dit des facultés de l'âme, entre autres ces paroles de saint Athénagore, citées par saint Justin (*Admonition ad Græcos, fol.* 50 *et* 31): « L'âme immortelle peut, par sa propre vertu, percer dans l'avenir, guérir les infirmités et les maladies ; pourquoi en attribuer la gloire au démon ? » Doit-on employer toujours toutes ses forces ? c'est une autre question. Eusèbe (*Prép. évangél.*, liv. IV) ne dit-il pas : « Il y a des secrets inconnus à plusieurs » qui chassent les maladies promptement ou lentement, mais » qui sont purement naturels ; » Tertullien de même (*de Animâ*). Ces *prétendus enchantements* pour faire le bien, dit Godefroy, savant commentateur du Code de Théodose, tit. IX, liv. 16, subsistèrent long-temps parmi les chrétiens. L'exposant n'a donc jamais entendu parler de la double vue si commune en Ecosse, et dont parle saint Augustin (*Cité de Dieu*, liv. XXII): « Quoiqu'éloignés, dit-il, on peut voir les choses corporelles » par l'esprit, sans avoir besoin du corps (1). » Parmi les Romains instruits, Pline avait dit : Que la force de l'intention peut donner à ce qui émane de l'homme une vertu de guérison (*Hist. Nat.*, liv. VI). Suetone, n° 20, Alex. de Tralles, liv. Ier, Plaute, Amphitrion, vers 157, ainsi que Cælius Aurelianus, liv. Ier, parlent des procédés employés alors comme aujourd'hui pour déplacer les douleurs ou procurer le sommeil.

Et lorsque saint François de Sales (*Solide piété*, chap. 41, liv. 2) dit, ainsi qu'Origène, que l'on guérit fréquemment par le souffle, ils n'eussent jamais cru qu'on les accuserait d'enseigner des sortiléges. Pour rassurer tout-à-fait cet habitant de Fribourg et ceux qu'il induit en erreur sur nos prétendus possédés, je lui dirai : Que Dieu lui-même a voulu nous apprendre à reconnaître le caractère des véritables possessions. C'est la fureur : « *Ego sum Dominus irrita faciens signa Divinorum et ariolos in furorem vertens* (Isaïe, chap. 44). » Saint Chrysostôme de même (Homélie 29). Et je défie de citer un seul auteur qui

(1) Et liv. xiv, chap. 24 : « Il y a des gens qui guérissent par le tact, le souffle, le regard. »

parle de possédés endormis d'un sommeil qu'ils disent très-réparateur, qui veulent y rester, qui ne prennent jamais les premiers la parole, qui sont pleins de bienveillance pour ceux qui souffrent, et si peu dominés par le père du mensonge, qu'ils ne peuvent altérer la vérité, tandis que les somnambules ordinaires, qu'on ne peut dire possédés, commettent des vols, veulent se venger, etc.; ce qui est bien l'opposé des dispositions bienveillantes des autres. « Un autre caractère pour re- » connaître les artifices du démon, c'est, dit Pascal, dans » l'Ancien-Testament, quand on détournera de Dieu, dans le » Nouveau, de Jésus-Christ (*Pensées*). » On a vu que la première Congrégation a sagement appliqué cette maxime.

Qu'il cesse donc de craindre que des gens pieux et instruits attribuent au magnétisme la résurrection de Lazare, la multiplication des pains, la marche sur les eaux, etc., et qu'on ne confonde les véritables prophéties avec les prévisions, souvent erronées, des somnambules. Le pape Victor et le concile qu'il assembla contre Montan ont dû lui apprendre que les derniers perdent l'usage de leurs sens, jamais les prophètes. Que l'exposant connaisse, avant de vouloir endoctriner, ce que tous les saints, les savants et les sages ont pensé des possessions supposées avec Hippocrate, Pinel, le pieux Hecquet, de Rhodes, Charon, Willis, etc.

Parceque l'on peut étrangement abuser du magnétisme, faut-il le juger par l'abus qu'on en peut faire, plutôt que par l'usage raisonnable auquel on peut l'employer? tous les médecins du nord ne s'en servent-ils pas et ne sont-ils pas examinés sur la manière de l'appliquer?

J'avais écrit à peu près ce qui précède à Mgr l'évêque du Mans, aujourd'hui nommé archevêque de Tours. Il a bien voulu répondre à ma consultation le 7 septembre 1841. « Je conviens avec vous, Monsieur, que l'exposé du magnétisme me paraît avoir été mal fait. La sacrée Congrégation, en répondant comme elle l'a fait, a jugé prudemment; mais dans le fait elle n'a rien décidé, car les partisans du magnétisme soutiennent, et je crois avec raison, qu'on leur impute dans l'exposé ce qu'ils ne disent pas. » (Voir la lettre et son adresse chez l'éditeur.)

Monseigneur a bien raison, car le prétendu pacte, que l'on suppose dans l'exposé consister dans le consentement, est un fait faux. J'ai endormi sans le vouloir des gens qui ne le voulaient pas, qui n'y croyaient pas et auxquels je ne pensais pas; d'autres qui ignoraient ma volonté et ne me voyaient pas.

Monseigneur parle de ce qu'il a connu par beaucoup d'épreuves, ainsi que NN. SS. de Périgord, de Quelen, l'évêque de Saint-Flour, celui de Soissons, une quantité de prêtres qui, en l'autorisant comme eux, s'en tiennent, comme il est juste, à la première décision qui autorise *en général*, comme un *remède physique*, l'emploi du magnétisme. Car qu'on ne croie pas avec nos adversaires qu'il y ait contradiction entre les deux décisions? nullement. Nous ne ferons pas cette injure à ces cardinaux. L'exposant de Fribourg doit savoir que dans les décisions théologiques les mots ne valent que ce qu'ils expriment strictement. Ainsi ces termes : « *usum magnetismi pro ut in casu exponitur non licere,* » ne concernent qu'un seul cas, et encore « tel qu'il a été exposé, » et s'il est mal exposé, comme le dit Monseigneur, la décision est nulle. *La congrégation dans le fait, dit-il, n'a rien décidé.* Monseigneur dit ensuite que « le magnétisme, tel qu'il est exposé, serait condamnable. On en pourrait aussi facilement abuser au détriment des bonnes mœurs. Mais quant à l'usage qu'on en peut faire comme moyen curatif, j'avoue que je n'ai pu jusqu'ici y voir rien de clair; dès lors j'ai dû m'abstenir de prononcer pour ou contre. Mon intention est de garder cette sorte de neutralité jusqu'à ce que j'y voie plus clair (Lettre déposée chez l'éditeur). » Oui, les abus possibles sont affreux, personne plus que moi n'en désire la répression. Qu'on essaie d'y arriver sans mensonge si on ne peut détruire des lumières acquises désormais. Ce qui est aussi très coupable, puisqu'ici la foi est atteinte, c'est d'ajouter, comme le fait l'exposant de Fribourg : que malgré tout renoncement formel à tout pacte diabolique, explicite ou implicite et même à toute intervention satanique, on obtient les mêmes effets, ou du moins quelques-uns.

Comment l'exposant n'a-t-il pas compris qu'il ferait tort à sa cause et plus encore à la religion par des faits faux. En niant ou invalidant ainsi la puissance des exorcismes, nos alversaires placent donc les chrétiens au-dessous des juifs non convertis qui chassaient les démons, dit Jésus-Christ? Mais je dois dans l'intérêt de la religion observer à la congrégation de l'index là même sur laquelle ils s'appuient, qu'elle a souffert que sous le même titre et prétexte qu'aujourd'hui A. M. D. G. on ait imprimé en 1828, rue des postes, sans difficulté, la théorie de cette doctrine; la voici : « Avant l'incarnation le » diable ne faisait que causer de l'agitation dans les personnes, » mais depuis ce mystère il a appris à pénétrer intérieurement » dans la nature humaine et à la posséder (*Histoire abrégée de la possession,* prétendue, de Loudun, suite des œuvres *inédites* du père Surin, page 45). On veut y prouver que son œuvre la plus méritoire est d'avoir fait brûler son curé, Urbain Grandier. Celle de ses éditeurs n'est pas de nous apprendre, quelques pages plus loin, *« qu'étant dans son bon sens,* il avait » conçu une jalousie effroyable contre l'humanité de Jésus- » Christ de ce qu'elle avait été élevée à l'union hypostatique » plutôt que lui; » et mille autres turpitudes plus scandaleuses encore qui ont mérité le mépris des honnêtes gens, mais non l'oubli de ceux qui ont charge d'âmes. Cette théorie d'une possession *intérieure* avait déjà été mise en avant en 1815 dans une brochure intitulée : *le mystère des magnétiseurs dévoilé,* A. M. D. G. On en parle en dix endroits, et page 28 on lit : « Pour obtenir la faculté de magnétiser, il faut auparavant » fouler aux pieds un crucifix, pour preuve de la haine qu'on » porte à la divinité de Jésus-Christ, » cela est de rigueur; mais on n'y niait pas la puissance du signe de la croix. « D'après cela, » ajoute-t-on, il n'est nullement étonnant, que ce signe ado- » rable de notre salut étant invoqué ne paralyse toutes les ten- » tatives et ne rende nuls tous les effets... effet inévitable, dé- » monstration rigoureuse de l'origine infernale de cette science » mystérieuse. » Car nous faisons sur une grenouille l'essai de la résurrection des morts (p. 36). Aujourd'hui on avance les mêmes calomnies d'un pacte secret, mais on recule devant cette *démonstration rigoureuse* qu'on en offrait alors trop naïvement. On a découvert que la possession *intérieure* répondait à tout, même à Isaïe, à plus forte raison à Tertullien qui offrait en plein sénat la vie du premier venu parmi les chrétiens qui ne fel'ait pas convenir à un possédé que le diable parlait par sa bouche (*Apol.*, livre, 23). Vous allez vous écrier, mon cher Curé, que c'est consentir à recevoir en France l'inquisition, si nous admettons d'une part le témoignage de cette Congrégation que nous avons citée en notre faveur et que nous repoussions, comme on le fait, celui de la Sorbonne; car, pour essayer de sauver Grandier, elle avait décidé alors ce qu'on ne peut trop s'étonner d'être obligé de redire aujourd'hui, qu'en admettant de tels effets, « les personnes les plus vertueuses ne » seraient pas en sûreté, pouvant être accusées d'avoir causé » des sortiléges et des possessions. »

Voilà le langage de la raison. Mais on nous traite comme de bien petits garçons, en nous montrant le diable possédant les dix espèces de poissons magnétiques que décrit M. de Humboldt, agissant, dans l'effet de certains narcotiques, sur la pensée, dans la vue à distance, les sympathies des jumeaux, la catalepsie, etc. Que notre foi soit plus raisonnable; sollicitons, d'une part, des lois répressives des abus; de l'autre, envisageons aussi cette faculté sous son beau point de vue, car toute chose a deux faces.

Il semble qu'on peut ici conclure contre nos modernes idéologues, que les sens ne sont plus les seules causes de nos idées, puisque celles-ci sont d'autant plus élevées, que les sens sont plus atténués. L'espace et le temps qui n'existent pas par euxmêmes (on le prouve ainsi), ne nous fascineront donc pas toujours de leurs illusions? Source de nos petites gloires, ils caractérisent la matière, et ne sont que des obstacles au vrai bien.

La vue à travers tous les corps ne ferait-elle pas comprendre aux plus endurcis, que la vue de toutes les actions des hommes est un des attributs de la divinité, qui juge sans cesse nos pensées, puisque dans certaines circonstances, un homme peut les connaître et les juger? Si le corps peut être taillé en pièces comme un ennemi vaincu, sans que l'âme en souffre, quand son joug devient moins pesant, le corps n'a qu'une vie d'emprunt, l'âme seule existe par elle-même. N'est-il pas constant que tous les peuples, par une sorte d'inspiration, invoquent et bénissent les mains étendues, que Dieu lui-même s'engageait à ratifier les volontés des pères qui bénissaient ainsi leurs enfants ?

Et si nous ne soulageons les maux des autres qu'à proportion que nous y devenons sensibles, il y a donc quelque chose de plus précieux que le confortable, c'est la compassion du Samaritain. *Cumpatit*, dit Jésus-Christ, en nous le donnant pour modèle, tandis qu'il condamne le prêtre et le lévite juifs, qui n'empêchaient cependant pas l'emploi des *remèdes les plus simples et les plus efficaces;* comme l'exposant de Fribourg appelle ceux indiqués par les somnambules. De plus, il admet tous les phénomènes de la vue à travers les corps opaques, et ainsi de la connaissance des causes mêmes des maladies. Quel service rendrait donc un somnambule anatomiste? Mais confondre, comme le peuple, l'usage simple du magnétisme avec les abus du somnambulisme, serait une faiblesse de la part des médecins qui refusent d'en user, comme dans toute l'Europe, dans beaucoup de maladies nerveuses, avec prudence. Voilà, mon cher curé, des aperçus que je développerai plus tard et soumettrai toujours à l'Église avec docilité. Je n'ai pas eu besoin de faire de grands efforts contre des hommes qui disent, avec l'Écriture : *Tout remède vient de Dieu;* mais qui ajoutent : les plus efficaces viennent du diable. Si pour mieux venger les cardinaux qui ont donné la seule décision générale à ce sujet, j'avais épluché l'exposé du cas particulier de Fribourg dont on a voulu faire la matière d'une décision générale, escobarderie dans laquelle n'a pas donné la congrégation à laquelle on s'adressait, j'aurais fait une chose peu agréable à la Faculté. Car l'occupation diabolique n'étant pas soutenable, il resterait prouvé, *selon l'exposant :* « *que le ou la somnambule est doué d'une science bien supérieure à celle des médecins; qu'il donne des descriptions anatomiques d'une parfaite exactitude; indique le siége, la cause, la nature des maladies internes les plus difficiles à connaître et à caractériser; en détaille les progrès, les variations et les complications; le tout dans les termes propres, souvent en prédit la durée précise et en prescrit les remèdes les plus simples et les plus efficaces... Il lit quoique ce soit les yeux bandés sans savoir lire,* etc. » Il en conclut que c'est le diable. Les conclusions que j'en tire, qu'on admette ou non tout le reste, seront, comme on l'a vu, plus chrétiennes, plus raisonnables et plus agréables à la Faculté. Si cependant on continue à voir le diable ici et non pas avec la science, un état naturel et nerveux réagissant sur l'âme, émanation divine, nous dirons avec Rome : que saint Jérôme, saint Athénagore, saint Justin, croyaient même aux sybilles un esprit divin. Le bréviaire romain porte : *Dies iræ, dies illa, solvet seclum in favilla, teste David cum sybilla;* si donc l'Église cite le témoignage des sybilles, c'est qu'en cet état, alors comme aujourd'hui, on parlait avec respect des choses divines.

J'ai commencé à prouver que souvent l'on déshonore le Saint-Siége en prétendant l'honorer davantage; Bossuet va continuer bien mieux que moi.

Nota. D'après MM. de Humbolt et Bonplan, M. Alibert (Art. *Guaco Thérapeutique*) dit que les nègres faisaient depuis long-temps un secret des vertus de cette plante que connaissaient les anciens Psylles, et qui les rendait invulnérables aux serpens. Qu'un d'eux l'ayant appris à un curé, bientôt tous les curés de l'Amérique méridionale le publièrent au prône. Il suffit d'en exprimer le jus sur la plaie pour détruire l'effet du poison le plus subtil, et de s'en frotter pour pénétrer impunément dans les lieux où, comme dans le jardin des Hespérides, l'or était gardé par des dragons menaçants.

J'avais autrefois proposé à M. Deleuze de la naturaliser en France, et de l'essayer contre la morsure des chiens enragés. Cherchez les propriétés de cette plante, dis-je à Mad. * * *, très-pieuse somnambule, alors en cet état. Elle lève les mains au ciel et s'écrie : O Dieu, inspirez-moi ! Serait-elle efficace contre l'hydrophobie, lui dis-je ? Assurément; quel service va être rendu à l'humanité ! Peut-on la naturaliser en France ? Non, mais dans l'Algérie. Le trajet est court ; elle ne perdra pas ses propriétés.

J'ai cité ce fait, parcequ'il s'est passé ces jours-ci (février 1842).

Si donc les médecins reconnaissent que ce remède est *efficace* pour cette horrible maladie, ce sera à celui qui nous parle quelquefois par des songes divins, dit Job, que nous en rendrons grâce, selon les saints que nous avons cités.

Un jeune Romain, faisant la guerre en Espagne, y fut mordu par un chien enragé. Sa mère, restée à Rome, l'annonça dans un sommeil somnambulique. Qu'on dépêche sur-le-champ, dit-elle, un courrier, pour qu'il emploie comme remède la racine d'églantier. On le fit ; et le fait s'étant trouvé vrai, il l'employa (on ne dit pas comment) et fut guéri. (*Pline le Naturaliste,* Hist., liv. xxv, ch. 2.)

Jamblique, philosophe platonicien, disait : que c'était à des songes divins que la médecine devait son origine (chap. des Songes) : *Ipsaque ars medendi comparata divinis somniis.* Ce philosophe se convertit. Son *Traité des Mystères des Egyptiens* est très-curieux.

Décision de la Congrégation générale de l'Inquisition sur le Magnétisme.

La demande était ainsi conçue :

Très Saint-Père ,

N.... supplie Votre Sainteté , autant pour l'instruction et la direction des âmes, de daigner lui apprendre s'il est licite que des pénitents puissent être participants aux opérations du magnétisme ?

Le 23 juin 1840, réponse. Dans la Congrégation *générale* de l'inquisition tenue au couvent de Sainte-Marie-sur-la-Minerve, devant leurs Eminences les cardinaux, la demande ci-dessus étant proposée, les mêmes EE. et RR. Seigneurs ont dit : Qu'il consulte les auteurs approuvés, en ne perdant pas de vue que toute erreur, sortilége, invocation explicite ou implicite du démon, étant repoussés, le pur acte d'employer des remèdes physiques, d'ailleurs permis, n'est pas moralement défendu, pourvu qu'ils ne tendent point à une fin illicite ou mauvaise en quelque manière que ce soit ; quant à l'application des principes et moyens purement physiques aux choses et aux effets vraiment surnaturels (les miracles) pour les expliquer physiquement, ce n'est autre chose qu'une déception tout-à-fait illicite et hérétique.

La France est-elle hérétique ?

Si la France est encore destinée à de grandes choses, ce sera parceque ses doctrines religieuses présentent des gages de paix et non de troubles. Ainsi que la langue latine, lors de l'établissement du christianisme, sa langue est préférée aux autres; parmi ses grands hommes, Bossuet est aussi célèbre chez tous les peuples que chez nous; mais les vingt-deux gros volumes de ses œuvres n'ont pu faire connaître suffisamment partout la pureté des doctrines de la France; car ce que j'extrais aujourd'hui de la défense de ces doctrines, n'a jamais été imprimé à part. De nos jours, il s'est trouvé en France des hommes qui ont assez compté sur l'ignorance et la fausseté de beaucoup plus d'esprits qu'on ne croit, pour chercher à avilir leur illustre défenseur. J'ai entendu ces hommes, par un fanatisme bien coupable, pour réunir à eux les dissidents, disent-ils, vanter l'inquisition, la ligue, c'est-à-dire le régicide, le don des trônes, etc.

Croit-on que l'on fût parvenu à séparer en Pologne quatre millions de catholiques de l'Église romaine, s'ils eussent mieux connu les doctrines de Bossuet et de la France? Que l'université d'Oxford, où deux cents docteurs viennent de faire une démarche pour se réunir, hésiterait à le faire en masse, si elle appréciait assez, « Ce Père du dix-septième siècle, à qui, dit « Massillon, il n'a manqué que d'être né dans les premiers « temps pour avoir dicté des canons et présidé à Nicée et à Éphèse: » voilà l'homme qui fut accusé de jansénisme auprès de Louis XIV.

Avec l'année 1842, semble s'ouvrir pour la malheureuse Espagne une époque de troubles religieux : on veut la séparer de Rome. Ceux qui l'y poussent, imputent à Bossuet leurs doctrines funestes. D'un autre côté, en France, deux journaux, faux amis de la religion et de leur pays, reçoivent des deux mains pour saper de temps en temps les doctrines de la France, de saint Louis et de Bossuet. Le grand évêque va donc se lever de sa tombe pour prouver à ses détracteurs que la France a toujours combattu pour la vérité avec sagesse, mais que l'Espagne suivit toujours assez mal cet exemple ; cependant, les véritables principes de Bossuet et de la France peuvent seus réunir l'Europe chrétienne dans un faisceau religieux propre à étouffer toutes discordes. Les dernières lueurs de la foi vont s'éteindre, si l'*on tourne toujours la religion en politique de manière à faire horreur.* Lorsqu'on ne sait plus, à la lettre, défendre en France que sa coterie ou son intérêt particulier, sans Bossuet, je combattrais en vain pour la religion et pour mon pays. Ne sommes-nous plus la seule nation qui ridiculise toujours ceux qui tâchent de justifier de mauvaises actions par de mauvais principes, chez laquelle le bon sens du peuple finit par arracher le masque dont on veut déguiser la religion ? Par quel vertige les aberrations de deux Espagnols sont-elles donc, à la honte de la France, proposées, dans beaucoup de séminaires, comme des règles sûres et éprouvées ?

1° Celles de Barthélemy Médina, auteur du probabilisme, en 1577, proscrit par le concile général de Vienne, bafoué par Boileau, Pascal, Bossuet, et même par le général des jésuites, Gonzalès.

2° D'Isidore Mercator, qui falsifia, peu après Charlemagne, les lettres des premiers papes : ce sont les fausses décrétales ; les savants en conviennent, même en Italie. Honte, dit Bossuet, à ce qu'il appelle « *des doctrines erronées, de fausses probabilités et de fausses traditions* (Dix-huitième élévation sur les mystères). »

Fils des Francs, comme nos premiers évêques, nous aimons comme eux le positif et non le probable. Avec Tertullien, nous disons : « La vérité est ancienne ; la fausseté n'est venue qu'après. »

« Voici, dit Grégoire de Tours, les évêques qui furent envoyés dans les Gaules sous l'empire de Dèce : Gatien, à Tours ; Sophronisme, à Arles ; Paul, à Narbonne ; Saturnin, à Toulouse ; Denis, à Paris ; Austremoine, en Auvergne et Martial,

» à Limoges (*Hist.*, liv. II). » Nous disons donc aux hérétiques, comme à tous les sectateurs de fausses doctrines : Nous savons les noms de tous leurs successeurs, montrez-nous ceux que vous présenterez à nos évêques actuels, comme ayant rompu la chaîne qui nous lie par eux aux apôtres, car saint Polycarpe, qui avait sacré saint Irénée, évêque de Lyon, était disciple de saint Jean ; ses écrits nous servent à confondre les hérétiques.

La foi n'est pas atteinte, direz-vous ?

« Mais on courbe la règle de l'Évangile, dit Bossuet (*Elév.*), » non en un point seulement, mais en ce qui a rapport à la di- » rection même des consciences. Croyez-vous qu'Eugène IV » était un bon modèle à suivre, lorsqu'il disait : Il ne serait » pas mal que les nonces qui doivent être envoyés aux rois et » aux princes (*on nous traite comme tels, devrions-nous nous* » *plaindre ?*), aient quelques grâces à accorder dans le for de la » conscience. Je prie les lecteurs, ajoute Bossuet, de ne pas se » prévenir contre l'autorité toujours respectable du Saint-Siége, » et de ne point imputer au Siége même, des fautes dont les » hommes sont seuls coupables (*qu'on veuille bien graver ces* » *paroles dans sa mémoire*). Mais toutes ces réformations impies, » que l'enfer inventa dans les siècles suivants, peuvent bien » être considérées comme des effets sensibles de la vengeance » de Dieu, pour avoir négligé une réformation nécessaire ? » (*Défense de la déclar.*, p. 412, éd. de Liége.)

Nous pouvons, d'après les doctrines du grand évêque, ob- server que les fêtes pour la canonisation de Liguory duraient encore, lorsqu'on apprit à Rome que quatre millions de catho- liques polonais se séparaient du Saint-Siége.

Ceux qui croient avoir reçu pour mission de détruire les an- ciens usages religieux de la France, s'en sont-ils beaucoup émus ? Au contraire, depuis cette époque, ils redoublent d'audace.

Ce nom de *libertés*, que saint Louis, qui les appelle an- ciennes, leur a donné le premier, dit M. de Marca, ils veulent en faire un épouvantail ; et voici la manière dont deux jour- naux, qui se donnent pour les organes du clergé français (ce que celui-ci semble approuver par son silence), parlaient de la Sorbonne, l'un des plus beaux établissements du saint roi.

Le gouvernement pensait alors à la rétablir. « Telle est, dit
» le journal l'*Univers religieux*, la mesure ridicule dont l'*Ami*
» *de la Religion* a entendu parler avec inquiétude. Nous sommes
» plus rassurés ; jamais l'épiscopat français ne souffrira une pa-
» reille atteinte portée à *sa dignité et à ses droits*.

« Plusieurs évêques s'en sont hautement expliqués déjà. Nous
» montrerons, avec un de nos évêques les plus pieux et les plus
» savants (Bossuet n'était ni l'un ni l'autre), que la consécration
» du gallicanisme comme doctrine officielle, serait non-seule-
« ment une violation de la charte, mais une maladresse, puis-
» que cette doctrine condamne formellement et l'origine et le
» maintien du pouvoir actuel (vous savez bien que c'est vous
» qui brouillez tout en confondant les deux puissances) ; en
» un mot, que tout gallican conséquent est nécessairement en-
« nemi du gouvernement de 1830. » (N° de l'*Univers* du 30 jan-
vier 1842). Quelle impudence est la vôtre ! Voici le doctrine de
l'Église de France, de Bossuet, de Mgr de Fitz – James, évêque
de Soissons : « Quand même le prince serait hérétique, idolâtre,
» persécuteur, tyran, les sujets, même excommuniés par le
» pape, devraient garder fidélité au prince (Instructions, 22ᵉ
dim. après la Pentecôte). » Bossuet vous dira combien l'hérésie, au contraire, est indocile, indépendante, fatale à la
royauté (Or. fun.). Auparavant d'accuser, tâchez, docteur, de
vous justifier.

Est-ce par amitié que les vôtres menacent les rois de la tiare
ou d'un poignard en vertu d'une loi divine ? C'est M. de Maistre,
votre héros, qui le dit (*Du Pape*, ch. XI). Aujourd'hui même, ne
faites-vous pas l'éloge de la régicide ligue ? N'avez-vous pas des
amis qui, pour attaquer le précepte dans sa source, ont falsifié
le passage *Omnis potestas a Deo*, etc., pour prouver que toute
puissance bien ordonnée venait du pape ? Les encyclopédistes
ont suivi cet exemple pour détruire (art. autorité) (1). Vous

---

(1) Bossuet prouve très-bien (*Défense*, partie III, liv. 8) : Que nos
adversaires font facilement alliance avec les hérétiques « de qui ils em-
» pruntent (et *vice versa*) les armes pour renverser la foi et l'autorité des
» saints conciles, quoiqu'ils nous en taxent sans que *jamais nos sentiments*
» à ce sujet aient été flétris par aucune censure.

dites encore : « Que le rétablissement de la Sorbonne ôterait au
» gallicanisme le peu d'honneur et de vie qui lui restent, et
» que pas un prêtre ne voudra se déshonorer en en faisant
» partie. » Docteur, vous ne parlez pas français ; connaissez-
vous cette Sorbonne qui, dit Bossuet : « Dans les conciles de
» Pise et de Constance, étouffa le schisme affreux qui ravageait
» l'Église, dont Pie II, pour ne point parler des autres papes,
» loua l'orthodoxie dans l'assemblée de Mantoue, quoiqu'elle
» défendît vigoureusement la supériorité des conciles sur les
» papes... Cette même doctrine ayant été déclarée hautement en
» plein concile de Trente, personne ne l'a condamnée, et le
» pape ne s'y est pas opposé... Celle dont l'autorité est si res-
» pectable, selon les plus habiles théologiens... qu'on ne peut
» sans témérité s'écarter de ses décisions... Celle enfin qui a
» rendu le nom de l'Université si célèbre dans le monde. » On
l'appelait, dit Mézerai, l'oracle et le concile perpétuel de l'E-
glise gallicane.

Voilà ce que les ennemis de saint Louis et de la France appel-
lent ridicule et déshonorant, sans qu'on ait l'air de le remar-
quer ; c'est par là que je m'attirerai sans doute l'honneur de
leurs injures. Cependant je n'attaque que des principes ; les in-
dividus me sont tout-à-fait inconnus. Ce journal menaçait ensuite le gouvernement, qui a eu l'air de le craindre, que « s'il
» passait outre, il réveillerait les questions endormies. » Quand
j'ai dit que l'on faisait l'œuvre de Satan, qui sème la zizanie, je
n'exagérais donc rien. Si le gouvernement agit, pour n'en tenir
aucun compte, pourquoi ne diriez-vous pas, avec votre ami
Bellarmin : *Le pape peut abroger une loi nuisible au salut, si un
prince refuse de le faire ?* Bossuet trouve même dars Valentia,
qu'il peut priver les particuliers des biens qu'ils possèdent.
Heureusement que la grande majorité des papes est plus sage
que leurs lâches flatteurs, qui depuis longtemps, sous prétexte
d'ultramontanisme, tendent à obscurcir la gloire religieuse de
leur pays, comme si à Rome même on ne rendait pas justice à
ce qui a placé le clergé français à la tête de la catholicité.

Ne nous vantent-ils pas les doctrines de Grégoire VII, ces
anti-Français, comme si nous ignorions qu'après avoir menacé
Philippe Iᵉʳ et les Français d'un anathème général, il ajoutait,

dit Bossuet : « Nous voulons que personne n'ignore que nous
» ferons tous nos efforts pour lui arracher son royaume. » Il se
fondait sur deux fausses décrétales et sur ce raisonnement : « Les
» exorcistes ont empire sur les démons ; ils l'ont, à plus forte
» raison, sur ceux qui sont les esclaves du démon et ses mem-
» bres ; mais quelle sera l'autorité des poutifes ? » Cela ne mérite pas, dit Bossuet, la peine d'être réfuté ; mais cela nous ex-
plique pourquoi, à l'exemple du maître, les disciples voient si
facilement des possessions partout où finissent leurs courtes
lumières.

Au reste, il faudra nous habituer désormais à voir soutenir
des opinions plus importantes comme probables, quoique con-
tradictoires ; depuis qu'on a canonisé le probabilisme dans la
personne de Liguori, promoteur, de bien bonne foi sans doute,
de cette doctrine, condamnée cependant par le concile œcumé-
nique de Vienne, dit Bossuet (1). Il s'appuie aussi sur l'opinion
du supérieur de Liguori, le Père Gonzalès, général des jésuites,

NOTE ESSENTIELLE.

(1) Voici l'axiôme favori de cet auteur : *La legge dubia chi disse mai che
sia legge ? per quanto sia ella probabile non esse legge.* Donc, une conscience
douteuse suffit pour excuser du péché. Ainsi cela renverse ces deux freins,
la loi et la conscience. Si cela ne mérite plus d'attention, j'aurai tort.

Comment pourrions-nous penser comme nos adversaires à ce sujet ? Ils
prétendent choisir entre des opinions probables, et veulent que l'autorité
ou l'opinion du pape soit égale, si ce n'est supérieure à celle du concile,
même général. Nous soutenons, au contraire, que le fondement de leur
probabilisme est détruit par la seule autorité infaillible, celle du concile
général, qui, jointe à l'opinion conforme de Clément V, de Benoît XIV,
de Clément XIII, d'Innocent III, d'Alexandre VII, de celle des Domi-
nicains, des Franciscains, de l'assemblée de 1700, etc., doit l'emporter
sur celle du pape qui a exalté Liguori. Ils disent qu'on peut se décider
par choix, c'est-à-dire par caprice, dit Bossuet. Nous disons avec saint
Vincent de Lerins, cité à ce sujet par l'assemblée du clergé de 1700, que
c'est d'après ce qui a été cru toujours, partout et de tous. Ainsi, nous
cherchons l'opinion la plus sûre et la plus raisonnable. Soumettant notre
obéissance elle-même à la raison, la plus belle prérogative de l'homme :
Obsequium vestrum sit rationabile, dit l'Apôtre.

Comment admettrions-nous donc une opinion qui, selon Bossuet, *es
ιa lie de ces derniers temps* (Œuvres, tome XII, p. 114)

qui dit : « La douceur de la loi de l'Évangile ne dépend donc
» pas de la bénignité des probabilistes ; autrement on pourrait
» s'écrier, avec le grand Guignes , autrefois général des char-
» treux : O que le temps des apôtres était misérable, que les
» hommes étaient plongés dans une profonde ignorance et sont
» dignes de compassion, d'ignorer nos routes abrégées... Tous
» les anciens théologiens ont enseigné la doctrine contraire...
» jusqu'en 1577. » *Cette opinion ne vient donc point de la tradition*, ajoute Bossuet, *ce qui est le propre de toutes les nou-
veautés dangereuses*... On ne doit pas condamner, dit-on, une
opinion dont les partisans sont en si grand nombre ; j'en conviens, si l'opinion est ancienne ; mais rien n'est plus faux , si
l'autorité dont on s'appuie est toute nouvelle ; autrement il
faudrait ne pas toucher à tous les monstres de doctrine dont on
a infesté la morale, et qui sont presque tous défendus par les
patrons mêmes du probabilisme (Bossuet, *Dissert. contre le
probabil.*, p. 303). On a modifié, dit-on , ces doctrines ; mais
cela ne les rend que plus nouvelles. Qu'on juge, d'après ce principe , quelques dévotions nées d'hier, qui doivent nécessairement scandaliser les petits qui croient encore en Jésus-Christ ,
éteindre cette mèche encore fumante ; d'ailleurs elles sont peu
dignes de la majesté de notre culte, propres à éloigner davantage les protestants, pas du tout à ramener les Grecs. « C'est
» ainsi qu'ils les conduisent, dit Bossuet, en les laissant dans
» des routines de petites dévotions (Journ. de l'abbé Le Dieu).»
Il faut lire les conseils que Bossuet donne à une religieuse à ce
sujet dans sa correspondance.

Lorsque, dans les séminaires , on ose enseigner que les opi_
nions de Roccaberti doivent être préférées à celles de Bossuet,
je crois utile de faire connaître comment ce grand homme en
parle, et comment il faut défendre nos doctrines contre les
ennemis de la France.

« Le Cardinal Daguirre a l'équité de dire qu'on doit s'abste-
» nir de nous censurer. Il se rappelle sans doute l'ordonnance
» sévère de 1679, par laquelle Innocent XI défend étroitement
» à tous les écrivains catholiques de censurer, en façon quel-
« conque, noter et attaquer par des termes injurieux , les pro-
» positions controversées (Dissert. prélimin. de la déf., p. 132).»

Il continue : « Le père Gonzalès, jésuite, qui s'est acquis beau-
» coup de gloire en combattant la fausse doctrine de la proba-
» bilité, n'est point arrêté par la défense d'Innocent XI ; il sou-
» tient, avec Bellarmin, que la doctrine des docteurs de Paris
» est absolument fausse et presqu'hérétique.... M. Roccaberti
» est celui qui fait la guerre la plus implacable à la nation fran-
» çaise (son livre est défendu en France par arrêt). » Il dit :
« *Il y a toujours eu entre les catholiques et les hérétiques une
» très grande dispute à ce sujet.* » Ce prélat agit de *mauvaise foi,*
répond Bossuet, puisqu'il pose d'abord pour principe : « que
» quiconque n'admet pas l'infaillibilité du pape, *est hérétique...*
« *Telle est*, dit M. Roccaberti, *l'état de la question.* « Plus Espa-
gnol que chrétien, il a fait imprimer les paroles suivantes dans
une préface de ses œuvres : « Ainsi, que l'Église s'écrie : heu-
» reuse faute qui a mérité d'avoir Jésus-Christ pour rédemp-
» teur. » Il faut de même s'écrier : « Heureuse faute du clergé
» de France, qui a mérité d'avoir l'illustrissime Roccaberti
» pour adversaire! » Ce fanfaron affirme : « Que le pape ne peut
» errer, même comme personne privée... et qu'il peut annuler,
» *pro suo arbitrio,* tous et chacun des priviléges et libertés du
» clergé de France, et du roi. Ces monstres d'erreur doivent être
» exterminés de tout le monde chrétien. » Bossuet répond, avec
la modération d'un grand homme : « Mais ne reconnaissez-vous
» pas vous-mêmes que ce sentiment a eu pour défenseurs des
» hommes très catholiques ? » Il en cite, et entre autres
Adrien VI. Il ajoute : « Ces écrivains se flattent d'avoir vaincu
» leurs adversaires, lorsqu'ils ont employé contre eux les mots
» épouvantables d'enfer, de Tartare, de monstres et autres
» semblables, qui ne sont propres qu'à effrayer les enfants. *On
» dirait qu'ils ont juré une guerre irréconciliable à ce royaume,
» ou plutôt à l'Église de France,* qui fait une portion si considé-
» rable de l'*Église universelle.* Lorsque l'ouvrage de Roccaberti
» parut, continue Bossuet, l'affaire était accommodée (ce qui
» en rend la lecture moins importante qu'on ne le dit dans les
» séminaires, sans parler de l'arrêt de prohibition) ; les évê-
» ques nommés avaient satisfait le saint pontife, et obtenu leurs
» bulles, sans que le pape leur ait fait le moindre reproche tou-
» chant leur foi... Les clameurs de nos adversaires, les machines

» qu'ils ont fait jouer et toutes leurs menaces (contre la décla-
» ration) n'ont pu empêcher Innocent XII de nous recevoir, et
» tout le clergé de France, avec douceur et charité dans son
» sein paternel. » Ailleurs, il montre que les trois conciles généraux de Pise, de Constance et de Bâle ont approuvé nos doctrines, ainsi que beaucoup de papes.

Qu'on dise, après ces paroles de Bossuet, que, pour plaire
au pape, il a renoncé à soutenir la déclaration qui n'ajoute rien
à ce que la France a toujours professé. Dans ce cas, c'eût été
une lâcheté bien inutile ; car depuis, comme avant, rien n'a
changé en France, légalement parlant, à cet égard ; seulement
il voulut changer le titre de son livre de la défense de la déclaration, pour céder à la susceptibilité romaine, en celui de
la France orthodoxe. Voilà toute la vérité. Un Français peut-il
avoir une semblable idée de notre grand évêque, en lisant ces
propres paroles de saint Louis, qu'il cite dans son sermon sur
l'unité ? « *Les doctrines de la France sont fondées sur le droit
commun et la puissance des ordinaires.* » Ne demandez plus ce
que c'est que les libertés de l'Église gallicane, les voilà toutes
dans ces précieuses paroles de l'ordonnance de saint Louis.
Nous n'en voulons jamais connaître d'autres. Nous mettons
notre liberté à être sujets aux canons ;... c'est notre loi. Nous
faisons consister notre liberté à marcher autant qu'il se peut
dans le droit commun, qui est le fond de tout le bon ordre de
l'Église... Ces maximes demeureront toujours en dépôt dans
l'Église catholique. Les esprits inquiets et turbulents voudront
s'en servir pour brouiller ; mais les humbles, les pacifiques, les
vrais enfants de l'Église s'en serviront toujours selon la règle,
dans les vrais besoins et pour des biens effectifs. Les cas où on
le doit faire seront aisés à marquer, puisqu'ils sont si clairement expliqués dans les décrets du concile de Constance....

Conservons ces fortes maximes de nos pères, que l'Église gallicane a trouvés dans la tradition de l'Église universelle, que
les universités du royaume, et principalement celle de Paris,
ont apprise des saints évêques et des saints docteurs qui ont
toujours éclairé l'Église de France, sans que le Saint-Siége ait
diminué les éloges qu'il a donnés à ces fameuses universités.

Au contraire, c'est en sortant du concile de Bâle, où ces

maximes avaient été renouvelées avec l'applaudissement de tout le royaume, que Pie II, qui le savait, puisqu'il avait prêté sa plume à ce concile, s'adressant à un évêque de Paris, dans l'assemblée générale de tous les princes chrétiens, lui parla ainsi de la France : La France a beaucoup d'universités, parmi lesquelles la vôtre, mon vénérable frère, est la plus illustre, parcequ'on y enseigne si bien la théologie, et que c'est un si grand honneur que de pouvoir y mériter le titre de docteur. De sorte que le florissant royaume de France, avec tous les avantages de la nature et de la fortune, a encore ceux de *la doctrine et de la pure religion.* Voilà ce que dit un savant pape qui n'ignorait pas nos sentiments...

..... L'Eglise de France est zélée pour ses libertés. Elle a raison ; puisque le grand concile d'Éphèse nous apprend : Que ces libertés particulières des Églises sont un des fruits de la rédemption, par laquelle Jésus-Christ nous a affranchis. Et il est certain qu'en matière de religion et de conscience, des libertés modérées entretiennent l'ordre de l'Église et affermissent la paix. »

Il est essentiel de prouver combien nos sentiments sur l'infaillibilité sont raisonnables, par ces paroles d'un pape aussi vertueux qu'Adrien VI, élu pape après Léon X. Ce grand homme disait avec une extrême modestie : « L'obligation de
» commander aux autres, est le plus grand malheur qui me
» soit arrivé dans toute ma vie. » Et plus loin : « je réponds à
» l'objection tirée de saint Grégoire, que si par l'Église on entend son chef, c'est-à-dire le Pape, il est certain qu'elle peut
» errer, même dans les choses qui concernent la foi et enseigner une hérésie, même dans un décret authentique. Car
» plusieurs papes ont été hérétiques, et sans remonter fort
» haut, Jean XXII enseigna publiquement, décréta et ordonna
» à tout le monde de croire *cette erreur détestable,* que les
» âmes des saints quoiqu'exempts de toutes souillures, ne
» jouiront qu'après le jugement dernier de la vue de Dieu...
» La même chose se prouve par les erreurs de quelques papes
» sur la matière du mariage.... Je n'assure pas néanmoins que
» saint Grégoire se soit trompé, mais je me propose de *détruire*
» *cette infaillibilité, que certains docteurs attribuent au pape.* »

Bossuet ajoute à cette citation : loin qu'Adrien se soit rétracté étant pape, son premier soin fut de faire imprimer ses ouvrages à Rome , un an après son exaltation. Il prouve (défense de la déclar. page 165) que c'est des décisions *ex cathedrâ* que parle Adrien VI. Il ajoute : Saint Léon distingue fort bien le siége, de ceux qui y sont assis. La foi ne cessa pas dans l'Eglise romaine, pendant l'infamie du dixième siecle , quoique le Saint-Siége fût occupé, dit Baronius, par des papes intrus, usurpateurs, bâtards et par conséquent qui ne l'étaient pas du tout (*Annales*, tome X, page 911). Cette infaillibilité est combattue par les plus saints et les plus savants hommes. Outre l'autorité des conciles de Constance et de Bâle, qui s'y sont opposés. Pour nous il nous semble : que puisqu'Adrien VI appelle erreurs détestables les opinions de Jean XXII, il y en a évidemment un des deux dans l'erreur; ainsi, plus d'infaillibilité. Comment donc les ouvrages qui calomnient la France à ce sujet, tels que la diatribe du cardinal Litta sur les quatre articles, copié sur les assertions du cardinal Daguirre, si bien réfutées par Bossuet, circulent-ils dans les séminaires, dont la France fait les frais? Comment les répand-on dans les petites bibliothèques prétendues édifiantes, avec les œuvres de Berruyer, condamnées par trois papes, par les évêques français, brûlées par la main du bourreau, et nommées les amours des patriarches? Qui croirait qu'après le dépôt à Paris, des archives du Vatican, on vient accuser de faux les actes du concile de Constance; accusation déjà victorieusement réfutée par Bossuet? Mais de quoi n'est-on pas capable, quand on répand partout : que Bossuet avait à la fin répudié nos doctrines, par ces mots : *Abeat declaratio?* Voici cependant les paroles de son neveu, l'abbé Bossuet, évêque de Troyes, que je lis préface de la défense :
« Cet ouvrage que l'auteur a revu plus d'une fois et *peu avant*
» *sa mort,* doit être regardé comme un des plus précieux mo-
» numents de sa profonde érudition, de sa sagesse, de sa
» modération, de sa piété et de son attachement à la chaire de
» saint Pierre et à l'unité, etc., page 12.
Ce ne sont point de vains éloges; et ce passage d'un discours prononcé par lui à l'assemblée du clergé de 1681 prouvera, j'espère, ces dernières assertions.

Les tendres oreilles des Romains méritent d'être respectées et je l'ai fait de tout mon cœur.

Trois choses les peuvent blesser :

1° L'indépendance de la temporalité des rois ;

2° L'autorité des évêques immédiatement de Jésus-Christ ;

3° L'autorité des conciles.

Vous savez bien que sur ces choses on ne biaise pas en France. Et je me suis attaché à parler de telle sorte, que sans trahir l'autorité de l'église gallicane, je puisse ne pas offenser la majesté romaine ; en un mot, j'ai parlé net, car il le faut partout ; mais surtout dans la chaire ; mais Dieu m'est témoin que ç'a été à bon dessein.

Sur ce qui regarde l'autorité du concile et du pape, je crois devoir faire observer à Votre Éminence (le cardinal d'Estrée) ce que j'ai dit dans l'exposition de la foi catholique, dont elle se souvient, puisqu'elle a contribué à me procurer à Rome l'approbation ; La version italienne a laissé l'article intact. Et le pape n'en a pas moins eu la bonté d'autoriser ma doctrine. Sa Sainteté a daigné m'écrire et me donner de grandes louanges. Après cela, Monseigneur, je ne dois pas être en peine pour le fond de ma doctrine, puisque le pape approuve si clairement qu'on ne mette l'essentielle autorité du Saint-Siége que dans les choses dont tous les catholiques sont d'accord.

J'ai toujours eu dans l'esprit, qu'en expliquant l'autorité du Saint-Siége, de manière qu'on en ôte ce qui le fait plutôt craindre que révérer à certains esprits ; cette sainte autorité, sans rien perdre, se montre aimable à tous, à ses ennemis mêmes et aux hérétiques. Je dis que le Saint-Siége ne perd rien aux explications de la France, parceque les ultramontains mêmes conviennent, que dans le cas où elle met le concile au-dessus du pape, on peut procéder contre le pape en disant qu'il n'est plus pape.

De sorte qu'à vrai dire, nous ne disputons pas tant du fond que de la forme de la procédure, et il n'est pas difficile de montrer : que la procédure que nous établissons étant restreinte aux cas du concile de Constance, est non seulement plus canonique, mais plus favorable au Saint-Siége et plus respectueuse pour son autorité. Mais ce qu'il y a de capital, c'est que les cas auxquels la France soutient le recours du pape au concile sont si rares, qu'à peine peut-on en trouver de vrais exemples en plusieurs siècles. D'où il suit, que c'est servir le Saint-Siége de réduire les disputes à des cas si rares et en y montrant des remèdes, rendre son autorité perpétuellement chère et vénérable à tout l'univers; et pour dire un mot en passant de la temporalité des rois, il me semble, qu'il n'y a rien de plus odieux que les opinions des ultramontains, ni qui puisse apporter un plus grand obstacle à la conversion des rois hérétiques ou infidèles. Quelle puissance souveraine voudrait se donner un maître, qui puisse par un décret lui ôter sa couronne?

Les autres choses que nous disons en France, ne servent pas moins à préparer les esprits au respect dû au Saint-Siége. »

Qui croirait que les belles paroles de Bossuet sont de l'avis du Piémontais, M. de Maistre, *des toiles d'araignées*, et que dans ce prétendu siècle de lumière, cet homme si bon juge de Bossuet deviendrait chef d'une ligue anti-française, d'accord avec M. de Bonald, etc., qui trouvait *qu'un ligueur du temps de Henri III serait un royaliste du nôtre*. M. de Lamennais faisait ses premières armes sous ces bannières étrangères, il a mieux suivi son raisonnement; les autres ont été effrayés de leur œuvre, voilà toute la différence. Que l'on y prenne garde; entre les doctrines de la ligue et le républicanisme, il y a bien des points de contact. Je le prouve par le modèle de supplique, que tout peuple qui veut changer de monarque, ou s'en passer tout-à-fait, doit, selon M. de Maistre, adresser préalablement au pape (il nomme Pie VII) pour être en sûreté de conscience.

« Très Saint-Père, au sein de la plus amère affliction et de la
» plus cruelle anxiété que puissent éprouver *de fidèles* sujets, et
» forcés de choisir entre la perte absolue d'une nation (pré-
» texte facile à trouver) et les dernières mesures de rigueur
» *contre une tête auguste*, les états généraux du royaume de...
» n'imaginent rien de mieux que de se jeter dans les bras
» paternels de Votre Sainteté, et d'invoquer sa justice *suprême*,
» pour sauver, s'il en est temps, un empire désolé.

« Le souverain qui nous gouverne, très saint Père, ne règne
» que pour nous perdre. Nous ne contestons point ses vertus,

» mais elles nous sont inutiles ; et ses erreurs sont telles, que
» si Votre Sainteté ne nous tend la main, il n'y a plus pour
» nous espoir de salut. Enfin, très saint Père, il ne tient qu'à
» Votre Sainteté de se convaincre, que la nation étant irrévo-
» cablement aliénée de la dynastie qui la gouverne, elle doit
» disparaître (proscrite par l'opinion universelle) pour le
» salut public qui marche avant tout..... C'est donc à vous,
» très saint Père, de nous délier du serment de fidélité qui nous
» attachait à cette famille royale qui nous gouverne, et de
» transférer à une autre famille, des droits dont le possesseur
» actuel ne saurait plus jouir que pour son malheur et le nôtre. »

Voilà d'étranges paroles, on se croirait au temps de la ligue.
M. Frayssinous dit, pour nous rassurer, qu'il n'est plus du tout
question d'appliquer ces vieux principes. Mais devons-nous
être bien tranquilles, quand nous lisons cette instruction,
envoyée par le même Pie VII à son nonce à Vienne en 1805.

« Les temps où nous ne sommes que trop arrivés sont si
» calamiteux, et d'une si grande humiliation pour l'Épouse de
» Jésus-Christ, que dans l'impossibilité où elle est d'agir sui-
» vant *ses très saintes maximes*, contre ses ennemis et ceux
» qui sont rebelles à la foi, il n'est pas expédient qu'elles
» soient rappelées par vous. Mais si on ne peut exercer son
» droit de déposer de leurs principautés les hérétiques, et de
« les déclarer déchus de leurs biens, l'Église pourrait-elle
» jamais abandonner ses droits? les sujets d'un prince manifes-
» tement hérétique, restent absous de tout hommage quel-
» conque, de toute fidélité et obéissance envers lui (Ext. des
» archives du Vatican déposées en 1813 à Paris).

Qui peut mépriser en France nos doctrines pour relever celles-
ci? Je ne signale qu'un fait public en disant : que cependant nos
théologiens non-seulement y renoncent pour eux, mais pour
nous ; cette déclaration faite le 11 avril 1802, par le cardinal
Caprara dans l'église Notre-Dame de Paris, au nom et comme
légat à *Latere* du même Pie VII, les condamne, comme des
ennemis publics: « *Nec ullo modo me juribus et privilegiis ecclesiæ
» gallicæ derogaturum.* » Autant vaudrait regretter que saint
Louis ait repoussé, grâce à nos libres coutumes, les préten-
tions de Grégoire IX sur son autorité et que la France n'ait

pas été bouleversée comme l'Allemagne le fut alors par de sanglantes guerres: il est certain que l'éloge de la ligue exprime tout cela, et signale le danger à celui qui a l'intelligence : rien ne bondit plus sous le côté gauche de ces hommes qui renoncent à attirer vers nous toutes les nations chrétiennes, à rendre avec nous la religion aimable a tous; *à ses ennemis mêmes et aux hérétiques.*

Ce qu'on disait jadis en croyant vraies les fausses décrétales, peut-on encore le soutenir en croyant ces pièces fausses? je ne connais rien de plus propre à éloigner de la loi du Dieu de vérité, que de voir d'indignes ministres faire parade de mauvaise foi dans leur seul intérêt. En France, un avocat qui en agirait ainsi, dans le dernier village et le plus mince tribunal, serait jugé sévèrement comme un maladroit faussaire.

Le même pape mérite-t-il que le même parti fasse journellement son éloge après avoir dépouillé les évêques français réclamants sans jugements? Les canons veulent cependant qu'un évêque ne puisse être privé de son siége, sans être jugé, non par le pape, mais par douze de ses confrères. Saint Clément, pape et disciple de saint Pierre, disait : « qu'il commettrait un grand » péché d'en agir ainsi. » Nous avons sa lettre aux Corinthiens. Cette conduite n'a-t-elle pas causé le schisme de la petite église, qui subsiste encore; le même n'a-t-il pas dépouillé le roi de France réclamant et sanctionné la vente des biens des hospices ; aidé les révolutionnaires ; accablé le malheureux Pie VI; mes frères, soyez bons chrétiens et vous serez bons démocrates, disait-il en chaire. Plutôt que d'acheter au prix d'une véritable infamie la protection momentanée de Bonaparte, que ne disait-il avec saint Augustin? « Les injustes par- » viennent quelquefois aux honneurs du siècle; dès qu'ils y » sont arrivés et qu'ils occupent par exemple, les dignités de » juges et de rois, on ne peut leur refuser les honneurs dus à » cette dignité; parceque Dieu même les a établis pour châ- » tier son peuple. » Heureux s'il se fût borné là. C'est ainsi que Grégoire II bien différent de Pie VII disait: « Le pape » n'a pas plus le droit de donner les dignités royales que l'em- » pereur les dignités ecclésiastiques. »

Bossuet cite l'exemple unique de la déposition de Childeric

qu'on objecte, et nie que le pape l'ait fait de sa propre autorité. Il ajoute : que dans toute cette manœuvre on opprima un prince innocent et sans forces, pour en favoriser un autre puissant et hardi, et qu'en commettant une très méchante action, on n'avait suivi aucune règle. Certes, on ne doit pas juger à la rigueur l'ignorance de ce temps-là.

Mais que dire après avoir entendu en 1840 M. Lacordaire faire l'éloge de l'application de ces doctrines en ces termes! « *Cette sainte et glorieuse ligue, dont on comprendra la gran-* » *deur chaque jour davantage.* » Sans doute on n'a pas ignoré ni oublié les fureurs et les honteuses hypocrisies de cette coalition, peut-être même que Monseigneur l'archevêque qui a entendu ces paroles, ainsi que le ministre de la justice présent aussi, se sont rappelé quelques articles des constitutions de la ligue. J'en citerai un seul : « Ceux qui refuse- » ront d'obéir au chef, seront punis selon sa volonté... Les » confédérés ne pourront recourir aux magistrats que par sa » permission. Il décidera seul les contestations. »

Le sort de la société est triste, quand sous l'habit ecclésiastique, dans l'église de Notre-Dame, on a l'audace d'appeler sainte et glorieuse, l'abrogation de la justice et de l'autorité royale; en présence d'un archevêque, du ministre de la justice et de dix milles personnes ravies d'admiration.

Et surtout, quand de sang-froid, à tête reposée, les journaux organes du clergé, font l'éloge non-seulement du discours entier, mais citent avec affectation la phrase que j'ai signalée, que Dieu leur pardonne, car ils ne savent ce qu'ils font, puisque dans la même feuille où ils se vantent d'amener bientôt les Anglais à leurs doctrines du don des trônes, ils encouragent à une révolte ouverte les Irlandais, qui professent les mêmes maximes que la France, et que d'autres boutefeux comme eux, égarent à l'envie.

Je ne nie pas qu'on pourrait concevoir quelqu'espérance quand les popes en Russie, comme les ministres du protestantisme, n'inspirent plus qu'un faible respect, que l'un d'eux assez connu (Deluc) affirme : que quand il ramène des incré- « dules, il les engage à entrer dans l'Église catholique, qui » peut mieux, dit-il, les conserver dans la foi. » Effectivement, si Bossuet était lu par les protestants, ils sentiraient l'absurdité de la réforme, comme ils l'ont faite. « Le seul principe solide, » c'est, dit-il, que l'Église ne peut errer (Bossuet les amena à » en convenir). Par conséquent, elle n'errait pas quand on a » voulu la réformer dans la foi ; autrement, ce n'eût pas été » la réformer, mais la dresser de nouveau..... La contradiction » est beaucoup plus grande à présent que l'on convient de l'in- » faillibilité de l'Église, puisqu'il faut dire, en même temps, » qu'elle est infaillible et qu'elle se trompe, et unir l'infaillibilité » avec l'erreur. » (Projet de réunion, tome 14).

On voit que les ministres protestants se prêtaient à la réu- nion. Leibnitz la fit manquer par des ergoteries. Quel Anglais honnête peut rester dans une religion qui doit son origine, dit l'histoire d'Angleterre (Hume, chap. 40), au désir de voler l'argenterie des églises ? dont le grand Apôtre avoue : Qu'il ne peut croire à ce qu'il enseigne. Qui ajoute : « Ah ! si j'eusse » prévu que mon entreprise me menât si loin, j'aurais certes » mis un frein à ma bouche, combien d'hommes, me dis-je en » soupirant, n'as-tu pas séduit par ta doctrine ! tu es la cause » de tous ces troubles. Cette pensée ne me quitte pas un ins- » tant. Oui, je souhaiterais n'avoir jamais commencé cette » affaire. L'angoisse que cela me cause me plonge bien sou- » vent jusque dans l'enfer ; mais l'ayant entreprise il faut » bien que je la soutienne comme une chose juste. » (Supplé- ment aux écrits de Luther. Mayence 1827, page 9.)

Comment le nom de fils de prêtre se donnerait-il chez eux comme une injure, si la conscience publique ne parlait pas en notre faveur ? Croient-ils ces savants évêques, en Russie et en Angleterre, que des femmes, même de jeunes filles, soient de dignes pontifes de leurs églises.

L'Église grecque se réunit, comme on sait, à l'Église latine, après de longues discussions dans le concile de Florence et ce ne fut que parcequ'on déclara, du consentement des deux églises : « Que le pape a reçu de Jésus-Christ le pouvoir de » paître et régir l'Église, selon cette manière qui est contenue » dans les actes des conciles œcuméniques et les saints canons. »

Qu'attendent donc ces évêques pour se prononcer ? Si ce n'est que, selon nos doctrines, les dépositaires de la puissance pontificale la soumettent toujours elle-même à l'autorité des canons au lieu de l'assimiler à celle de Jésus-Christ. Beaucoup de papes disent heureusement avec ce bon Fleury : « L'église, » dans ce cas, aurait donc pendant plus de mille ans ignoré » ou négligé ses droits ; » mais nos meilleurs défenseurs seront les partisans eux-mêmes de l'autorité absolue et infaillible ; « car : *Puisqu'ils ne nous taxent pas d'errer,* dit Bossuet ; *leur opinion ne peut être au plus que probable et non certaine, cependant d'après eux, la parole du pape serait celle de Jésus-Christ, jugez à quelle confusion nous réduirait cette opinion* (Défense de la décl. p. 122). » Faits à l'image de Dieu, c'est-à-dire pour aimer et connaître la vérité comme lui ; nous voyons encore en France plus d'hommes chercher le vrai que le probable. Si j'ai pu, grâce à Bossuet, l'indiquer à un seul, cela me suffit. « Cherchant la vérité, nous cherchons Dieu ; la » trouvant, nous le trouvons et lui devenons conformes. L'âme » qui entend la verité, reçoit donc une impression divine qui » la rend conforme à Dieu. » (Bossuet, *Connaissance de Dieu et de soi-même.*)

NOTE pour la page 14.

Il ne faut pas juger les songes par l'abus qu'en font ceux que j'ai signalés. Car en ce moment ils nous montrent un grand prophète dans Martin Michel, ouvrier près Caen, prêchant encore pour Louis XVII, comme Thomas Martin, qu'ils firent tomber dans de si étranges contradictions. On peut prendre par ignorance des états somnambuliques pour de miraculeuses extases, comme Tertullien, Fénelon et les Jansénistes ; mais de qui Fénelon disait-il selon Daguesseau ? « Chez eux, la religion est toujours tournée en politique, » de manière à faire horreur. » (*OEuvres*, tome XIII, p. 78.)

FIN.